Ma connaissance du jardin

James Russell Lowell

Writat

Cette édition parue en 2024

ISBN : 9789359949642

Publié par
Writat
email : info@writat.com

MA CONNAISSANCE DU JARDIN

Par James Russell Lowell

L'un des livres les plus délicieux de la bibliothèque de mon père était « Natural History of Selborne » de White. Pour moi il a plutôt gagné en charme avec les années. Je le lisais sans connaître le secret du plaisir que j'y trouvais, mais en vieillissant, je commence à découvrir quelques-uns des expédients simples de cette magie naturelle. Ouvrez le livre où vous voulez, il vous emmène dehors. Par notre temps torride de juillet, on peut sortir avec ce sympathique compagnon d'Oriel et trouver un rafraîchissement au lieu de se fatiguer. Vous n'avez aucune difficulté à le suivre pendant qu'il se promène sur son cheval de bataille, tantôt montrant un joli point de vue, tantôt s'arrêtant pour observer les mouvements d'un oiseau ou d'un insecte, ou pour mettre un spécimen en sac pour l'honorable Daines Barrington ou M. Fanion. Par la simplicité du goût et le raffinement naturel, il rappelle Walton ; en tendresse envers ce qu'il aurait appelé la création brute, de Cowper. Je ne sais pas si ses descriptions de paysages sont bonnes ou non, mais elles m'ont fait connaître son quartier. Depuis que je l'ai lu pour la première fois, j'ai parcouru certains de ses lieux préférés, mais je les vois toujours à travers ses yeux plutôt qu'à travers un souvenir de vision réelle et personnelle. Le livre a aussi le charme du loisir absolu. M. White semble n'avoir jamais eu de travail plus dur à faire que d'étudier les habitudes de ses concitoyens à plumes ou d'observer mûrir ses pêches sur le mur. Ses volumes sont le journal d'Adam au Paradis,

"Annihiler tout ce qui a été fait

À une pensée verte dans une teinte verte. »

C'est un repos positif que de regarder dans son jardin. C'est bien mieux que de

"Voir la grande promenade de Dioclétien

Dans la noble ombre du jardin salonien ,"

car c'est là que viennent les ambassadeurs pour apporter avec eux les bruits de Rome, tandis qu'ici le monde n'a pas d'entrée. Aucune rumeur sur la révolte des colonies américaines ne semble lui être parvenue. « La durée naturelle de la vie d' un porc » l'intéresse plus que celle d'un empire. Burgoyne peut se rendre et accueillir ; quelle conséquence *cela a-t-il* comparé au fait que l'on peut expliquer l'étrange culbute des freux dans les airs par leur retournement « pour se gratter avec une seule griffe » ? Tous les courriers d'Europe qui se bousculent ne font aucun bruit dans la petite Chartreuse de M. White ; (1) mais l'arrivée du martinet un jour plus tôt ou plus tard que l'année dernière est une nouvelle qui mérite d'être envoyée express à tous ses correspondants. .

(1) *La Grande Chartreuse* était la première chartreuse de France, où était préservée l'intimité la plus austère.

Un autre charme secret de ce livre est son humour involontaire, d'autant plus délicieux car insoupçonné de l'auteur. Comme sa vanité innocente est agréable à ajouter à la liste de la faune britannique, et plus encore de la faune selbornienne *!* Je crois qu'il aurait volontiers consenti à se laisser manger par un tigre ou un crocodile, si par ce moyen la présence occasionnelle dans les limites de la paroisse de l'une ou l'autre de ces brutes anthropophages avait pu être établie. Il se vante de ne pas avoir de bonne société, mais il est manifestement un peu exalté d'avoir « une connaissance considérable avec un hibou brun apprivoisé ». La plupart d'entre nous ont connu notre part de hiboux, mais peu peuvent se vanter d'avoir une intimité avec un hibou à plumes. Les grands événements de la vie de M. White ont aussi cette importance disproportionnée qui est toujours humoristique. En pensant que ses mains étaient dignes (comme ni celles de Willoughby ni celles de Ray) de tenir un pluvier sur échasses, le *Charadrius himaniopus* , sans pointe arrière, et donc "sujet, en spéculation, à de perpétuelles vacillations" ! Je me demande d'ailleurs si les métaphysiciens n'ont pas d'orteils postérieurs. En 1770, il fait la connaissance dans le Sussex d'une « vieille tortue de famille », alors domestiquée depuis trente ans. Force est de constater qu'il en est tombé amoureux au premier regard. Nous n'avons aucun moyen de retracer la croissance de sa passion ; mais en 1780 nous le trouvons s'enfuyant avec son objet dans une chaise de poste. "Le bruit et la précipitation du voyage l'ont si parfaitement réveillé que, lorsque je l'ai retourné dans une bordure, il a marché deux fois jusqu'au fond de mon jardin." On y lit comme dans un journal judiciaire : "Hier matin, SAR la princesse Alice a pris une pause d'une demi-heure sur la terrasse du château de Windsor." Cette tortue aurait pu être membre de la Royal Society, s'il avait pu condescendre à une ambition aussi ignoble. On venait tout juste de découvrir qu'une surface inclinée d'un certain angle avec le plan de l'horizon recevait davantage de rayons solaires. La tortue l'avait toujours su (bien qu'elle n'en faisait aucune parade sans ostentation) et c'est pourquoi elle avait l'habitude de se pencher contre le mur du jardin en automne. Il semble avoir été plus philosophe que M. White lui-même, ne se souciant que de se mettre sous une feuille de chou quand il pleuvait ou que le soleil était trop chaud, et de s'enterrer vivant avant le gel, - un quatre- Diogène aux pieds, qui portait sa baignoire sur son dos.

Il est des ambiances dans lesquelles ce genre d'histoire est infiniment rafraîchissant. Ces créatures que nous affectons de mépriser comme les valets de l'instinct sont membres d'une république dont la constitution repose sur des bases inébranlables, n'ayant jamais besoin d'être reconstruite ! *Ils* ne songent jamais à décider par un vote que huit heures valent dix, ou qu'une créature est aussi intelligente qu'une autre et pas plus. *Ils* n'utilisent pas leur pauvre esprit pour régler les horloges de Dieu, et ne pensent pas non plus qu'ils ne peuvent pas s'égarer tant qu'ils portent leur tableau de bord avec eux – une illusion que nous pratiquons souvent sur nous-mêmes avec notre haute et puissante raison, cet admirable doigt. post qui indique dans tous les sens et toujours raison. Il est bon pour nous de converser de temps en temps avec un monde comme celui de M. White, où l'homme est le moins important des animaux. Mais celui qui, comme moi, a toujours vécu à la campagne et toujours au même endroit, est attiré vers son livre par d'autres sympathies occultes. Ne partageons-nous pas son indignation contre ce stupide Martin qui avait gradué son thermomètre à pas moins de 4o au-dessus de zéro de Fahrenheit, de sorte que, dans le temps le plus froid jamais connu, le mercure s'est enfui bassement dans l'ampoule et nous a laissé voir la victoire glisser à travers nos yeux. doigts, juste au moment où ils se rapprochaient ? Aucun homme, je suppose, n'a jamais vécu longtemps dans le pays sans être mordu par ces ambitions météorologiques. Il aime avoir plus chaud et plus froid, avoir été enneigé plus profondément, avoir plus d'arbres et des vents plus importants que ses voisins. Chez nous surtout, descendants des puritains, ces compétitions météorologiques fournissent l'excitation abnégée de l'hippodrome. Les hommes apprennent à apprécier les thermomètres du véritable tempérament imaginatif, capables d'exaltations prodigieuses et d'abattements correspondants. L'autre jour (5 juillet), j'ai marqué 98° à l'ombre, ma ligne des hautes eaux, plus haute d'un degré que je ne l'avais jamais vue auparavant. Il m'est arrivé de rencontrer un voisin ; Alors que nous nous essuyions les sourcils, il m'a dit qu'il venait de franchir 100° et je suis rentré chez moi battu. Je n'avais jamais ressenti la chaleur auparavant, sauf comme une belle exagération du soleil ; mais maintenant cela m'oppressait avec la vulgarité prosaïque d'un four. Ce qui avait été une intensité poétique est devenu d'un seul coup une hyperbole rhétorique. Je pourrais soupçonner son thermomètre (comme je l'ai d'ailleurs fait, car nous, hommes de Harvard, avons tendance à penser du mal de tout diplôme autre que le nôtre) ; mais c'était une piètre consolation. Il n'en restait pas moins que son héraut Mercure, debout sur la pointe des pieds, pouvait mépriser le mien. Il me semble entrevoir quelque chose de cette faiblesse familière chez M. White. Lui aussi a participé à ces triomphes et défaites mercurielles. Je ne doute pas non plus qu'il ait eu pour la girouette l'intérêt d'un véritable gentleman de la campagne ; que sa première question en revenant le matin était, comme celle de Barabas :

"Dans quel quartier se trouve la facture de mon alcyon ?"

C'est un emploi innocent et sain de l'esprit, qui détourne l'homme d'une étude trop continuelle de lui-même, et l'amène à s'attarder plutôt sur les indigestions des éléments que sur les siennes propres. "Est-ce que le vent est revenu ou a suivi le soleil ?" C'est une question rationnelle qui n'a aucune incidence sur la production du foin et la prospérité des récoltes. Je ne doute guère que l'observation réglée de la girouette en de nombreux endroits différents et l'échange des résultats par télégraphe ne mettraient le temps, pour ainsi dire, en notre pouvoir, en trahissant ses embuscades avant qu'elle ne soit prête à donner l'assaut. À première vue, rien ne semble plus banal que la vie de ceux dont le seul exploit est d'enregistrer le vent et la température trois fois par jour. Pourtant, de tels hommes sont sans aucun doute envoyés dans le monde dans ce but spécial, et peut-être n'existe-t-il aucune sorte d'observation précise, quel que soit son objet, qui n'ait son utilité finale et sa valeur pour l'un ou l'autre. Il est même à espérer que les spéculations de nos rédacteurs de journaux et leur myriade de correspondances sur les signes de l'atmosphère politique pourront aussi remplir la place qui leur est assignée dans un univers bien réglé, ne serait-ce que pour fournir tant d'autres jack-o. '-lanternes au futur historien. Bien plus, les observations sur la finance d'un MC dont la seule connaissance du sujet découle du succès de toute sa vie à gagner sa vie du public sans payer aucun équivalent pour cela, intéresseront peut-être plus tard quelque explorateur de notre *cloaque. maxima,* chaque fois qu'il est nettoyé.

Depuis de nombreuses années, j'ai pris l'habitude de noter quelques-uns des principaux événements de ma solitude apaisée, tels que l'arrivée de certains oiseaux et autres, - une sorte de *mémoires pour servir* , à la manière de White, plutôt que de proprement parler. histoire naturelle digérée. Je pensais qu'il n'était pas impossible que quelques histoires simples de mes connaissances ailées puissent être trouvées divertissantes par des personnes de goût similaire.

Il existe une idée répandue selon laquelle les animaux sont de meilleurs météorologues que les hommes, et je n'ai aucun doute sur le fait qu'en matière de sagesse météorologique immédiate, ils ont l'avantage de nos sens sophistiqués (même si je soupçonne qu'un marin ou un berger serait leur match), mais j'ai je n'ai rien vu qui me porte à croire leur esprit capable d'établir l'horoscope de toute une saison, et de nous faire savoir d'avance si l'hiver sera rigoureux ou l'été sans pluie. Je soupçonne fort que le commis à la météo lui-même ne sait pas toujours très longtemps à l'avance s'il doit commander du chaud ou du froid, du sec ou de l'humide, et il est peu probable que la courge musulmane soit plus sage. Je n'ai noté que deux jours de différence dans l'arrivée du moineau chanteur entre un printemps très précoce et un printemps très tardif. Cette année même, j'ai vu les linottes travailler à couvrir le chaume, juste avant une tempête de neige qui a recouvert le sol de plusieurs centimètres de profondeur pendant plusieurs jours. Ils se sont mis au travail et nous ont quittés pendant un moment, sans doute à la recherche de nourriture. Les oiseaux périssent fréquemment à cause de changements soudains de notre climat printanier fantaisiste dont ils n'avaient aucun pressentiment. Il y a plus de trente ans, un cerisier alors en pleine floraison, près de ma fenêtre, était couvert de colibris engourdis par une chute de pluie et de neige mêlées, qui en tua probablement beaucoup. Il semblerait que leur venue ait été datée par la hauteur du soleil, qui les entraîne dans un mariage peu économe ;

" Ainsi, la nature est en lui corages ; "(1)

mais leur départ est une autre affaire. Les hirondelles de cheminée nous quittent tôt, par exemple, apparemment dès que leurs derniers oisillons ont les ailes suffisamment fermes pour tenter le long match d'aviron qui les attend. D'un autre côté, les oies sauvages ne quittent probablement pas le Nord avant d'être gelées, car j'ai entendu leurs clairons sonner vers le sud jusqu'à la mi-décembre. Ce que l'on peut appeler des migrations locales sont sans doute dictées par les chances de se nourrir. J'ai déjà été visité par de grands vols de becs-croisés ; et chaque fois que la neige repose longuement et profondément sur le sol, une volée d'oiseaux de cèdre vient au milieu de l'hiver manger les baies de mes aubépines. Je n'ai jamais pu comprendre les particularités locales, ou plutôt géographiques, des oiseaux. Jamais avant cet été (1870) les rois-oiseaux, le plus beau des moucherolles, n'aient été construits dans mon verger ; même si je sais toujours où les trouver dans un rayon d'un demi-mile. Le cardinal à poitrine rose est un oiseau familier à Brookline (à cinq kilomètres de là), mais je n'en ai jamais vu ici jusqu'en juillet dernier, lorsque j'ai trouvé une femelle occupée parmi mes framboises et étonnamment audacieuse. J'espère qu'elle *prospectait* en vue de s'installer dans notre jardin. Elle semblait, dans l'ensemble, avoir une bonne opinion de mes fruits, et je planterais volontiers un autre lit si cela pouvait aider à conquérir un voisin aussi charmant.

(1) *Contes de Canterbury de Chaucer, Prologue*, ligne 11.

Le retour du merle est communément annoncé par les journaux, comme celui de personnages éminents ou notoires dans une station d'eau, comme la première notification authentique du printemps. Et telle est sans aucun doute son apparition dans le verger et le jardin. Mais, malgré son nom de grive migratrice, il reste avec nous tout l'hiver, et je l'ai vu lorsque le thermomètre indiquait 15 degrés au-dessous de zéro Fahrenheit, armé de manière imprenable (1) comme la mésange d'Emerson, et aussi joyeux que lui. . Le merle a mauvaise réputation auprès des gens qui ne se valorisent pas moins parce qu'ils sont friands de cerises. Il y a, je l'avoue, un piment de vulgarité chez lui, et sa chanson est plutôt du genre Bloomfield, trop largement lestée de prose. Son éthique est celle de l' école de Poor Richard , et la principale chance qui fait appel à toute son énergie est tout à fait celle du ventre. Il n'a jamais ces beaux intervalles de folie dans lesquels ses cousins, le chat et le mavis , sont susceptibles de tomber. Mais contre un "ça" et deux fois plus de muckle " un" ça, je ne l'échangerais pas contre toutes les cerises qui sont jamais sorties d'Asie Mineure. Quels que soient ses défauts, il n'a pas entièrement perdu cette supériorité qui appartient aux enfants de la nature. Il a un goût de fruit plus fin que celui de nombreux comités successifs de la Société d'horticulture, et il mange avec une gorgée savoureuse qui n'est pas inférieure à celle du Dr Johnson. Il ressent et exerce librement son droit de domaine éminent. C'est le premier gâchis de pois verts ; c'est toutes les mûres que j'avais imaginées. Mais s'il obtient aussi la part du lion des framboises, il est un grand planteur, et sème dans les bois ces sauvages qui réconfortent le piéton et donnent un calme momentané même aux victimes blasées des White Hills. Il surveille de près vos fruits et sait jusqu'à une teinte violette quand vos raisins ont cuit assez longtemps au soleil. Lors de la grave sécheresse d'il y a quelques années, les rouges-gorges ont complètement disparu de mon jardin. Je n'en ai ni vu ni entendu pendant trois semaines, tandis qu'une petite vigne étrangère, plutôt timide, semblait trouver l'air poussiéreux agréable et, rêvant peut-être de son doux Argos de l'autre côté de la mer, se parait d'une vingtaine ou d'une douzaine de fleurs. donc de belles grappes. Je les ai observés de jour en jour jusqu'à ce qu'ils aient sécrété suffisamment de sucre grâce aux rayons du soleil, et j'ai finalement décidé que je fêterais mes vendanges le lendemain matin. Mais les rouges-gorges, eux aussi, en avaient tenu compte . Ils ont dû envoyer des espions, comme l'ont fait les Juifs dans la terre promise , avant que je bouge. Quand j'y allais avec mon panier, au moins une douzaine de ces vendangeurs ailés surgirent d'entre les feuilles, et se posèrent sur les arbres les plus proches et échangeèrent à mon égard quelques remarques aiguës et désobligeantes. Ils avaient saccagé la vigne. Ce ne sont pas les vétérans de Wellington qui ont fait un travail plus propre dans une ville espagnole ; ni les fédéraux ni les confédérés ne furent jamais plus impartiaux dans la confiscation des poulets neutres. Je gardais mes raisins secrets pour surprendre la belle Fidele , mais les rouges-gorges lui en faisaient un secret plus profond que je ne l'avais imaginé. Le reste en lambeaux d'un seul bouquet était toute ma maison de récolte. Comme c'était mesquin au fond de mon panier, comme si un colibri avait pondu son œuf dans un nid d'aigle ! Je ne pouvais m'empêcher de rire ; et les rouges-gorges semblaient se joindre de bon cœur à la gaieté. Il y avait une vigne indigène à proximité, bleue avec son abondance moins raffinée, mais mes voleurs rusés préféraient la saveur étrangère. Pourrais-je les taxer par manque de goût ?

(1) "Car l'âme, si elle est forte à l'intérieur, peut armer la peau de manière imprenable."

Les rouges-gorges ne sont pas de bons chanteurs solistes, mais leur chœur, qui, comme des adorateurs primitifs du feu, salue le retour de la lumière et de la chaleur dans le monde, est sans égal. Il y en a une centaine qui chantent comme un seul. Ils sont donc assez bruyants et chantent, comme le devraient les poètes, sans arrière-pensée. Mais quand ils viennent chercher des cerises jusqu'à l'arbre près de ma fenêtre, ils étouffent leur voix, et leur faible *pip pip pop !* sonne au loin, au fond du jardin, où ils savent que je ne les soupçonnerai pas d'avoir dérobé au gros noyer noir sa réserve à croûte amère . (1) Ce sont des Pecksniffs à plumes , bien sûr, mais alors comme leurs seins sont brillants. , qui ont l'air plutôt défraîchis au soleil, brillent un jour de pluie sur le vert foncé de l'arbre à franges ! Après avoir pincé et secoué toute la vie d'un ver de terre, comme les cuisiniers italiens pilonnent tout l'esprit d'un steak, puis l'avalent, ils se lèvent avec une honnête confiance en eux, étendent leurs gilets rouges avec l'air vertueux d'un hall d'entrée. député, et vous affronte avec un œil qui défie calmement toute enquête. "Est-ce que *je* ressemble à un oiseau qui connaît le goût de la vermine crue ? Je me soumets à un jury composé de mes pairs. Demandez à n'importe quel rouge-gorge s'il a déjà mangé quelque chose de moins ascétique que la baie frugale du genièvre, et il répondra que son vœu lui interdit. » Une poitrine aussi ouverte peut-elle couvrir une telle dépravation ? Hélas, oui ! Je n'ai aucun doute que sa poitrine était plus rouge à ce moment précis du sang de mes framboises. Dans l'ensemble, c'est un ami douteux dans le jardin. Il prépare son dessert avec toutes sortes de baies et n'est pas opposé aux poires précoces. Mais quand on se souvient combien il est omnivore, mangeant son propre poids en un temps incroyablement court, et que la nature semble inépuisable dans son invention de nouveaux insectes hostiles à la végétation, peut-être peut-on estimer qu'il fait plus de bien que de mal. Pour ma part, je préférerais sa gaieté et son bon voisinage plutôt que de nombreuses baies.

(1) Le petit-duc, dont le cri, malgré son mauvais nom, est l'un des sons les plus doux de la nature, adoucit de la même manière sa voix avec la plus séduisante moquerie de la distance. JRL

Pour son cousin le chat, j'ai un respect encore plus chaleureux. Toujours bon chanteur, il égale parfois presque la grive brune, et a le mérite de poursuivre sa musique plus tard dans la soirée que n'importe quel oiseau de ma connaissance. D'aussi loin que je me souvienne, deux d'entre eux ont construit un gigantesque seringa près de notre porte d'entrée, et j'ai connu le mâle chanter presque sans interruption pendant les soirées du début de l'été jusqu'à ce que le crépuscule devienne sombre. Ils diffèrent grandement par leur talent vocal, mais ils ont tous une manière délicieuse de chanter et, pour ainsi dire, de répéter leur chant à voix basse, ce qui rend leur proximité toujours discrète. Bien qu'il existe le témoin le plus fiable de la propension à l'imitation de cet oiseau, je ne l'ai entendu qu'une seule fois, au cours d'une intimité de plus de quarante ans, s'y livrer. Dans ce cas, l'imitation n'était en aucun cas au point de tromper, mais une libre reproduction des notes de quelques autres oiseaux, en particulier de l'oriole, comme une sorte de variation de son propre chant. L'oiseau-chat est aussi timide que le rouge-gorge est vulgairement familier. Ce n'est que lorsqu'on s'approche de son nid ou de ses oisillons qu'il devient bruyant et presque agressif. Je l'ai vu placer ses petits dans un épais cornouiller au bord du framboisier, une fois que les fruits ont commencé à mûrir, et les nourrir là pendant une semaine ou plus. Dans de tels cas, il ne montre rien de cette culpabilité consciente qui rend le rouge-gorge méprisable. Au contraire, il maintiendra son poste dans le fourré, et grondera vertement l'intrus qui oserait lui voler *ses* baies. Après tout, sa réclamation ne concerne que la dîme, tandis que le rouge-gorge mettra en sac toute votre récolte s'il en a l'occasion.

La déclaration du Dr Watts selon laquelle « les oiseaux dans leurs petits nids s'accordent », comme bien d'autres destinées à former l'esprit du nourrisson, est très loin d'être vraie. Au contraire, la relation la plus pacifique des différentes espèces entre elles est celle de la neutralité armée. Ils sont très jaloux des voisins. Il y a quelques années, j'étais très intéressé par la construction de la maison d'un couple d'oiseaux jaunes d'été. Ils avaient choisi un très joli emplacement près du sommet d'un grand lilas blanc, à portée de vue d'une fenêtre de la chambre. C'était une chose très agréable de voir leur petit foyer s'agrandir grâce à l'entraide mutuelle, de voir leur savoir-faire industrieux interrompu seulement par de petits flirts et des bribes d'affection, écourtés avec parcimonie par le bon sens de la petite ménagère. Ils avaient presque terminé leur travail et avaient déjà commencé à le tapisser de fougères, dont la cueillette exigeait des voyages plus lointains et des absences plus longues. Mais hélas! le Syringa , manoir immémorial des oiseaux-chats, n'était qu'à vingt pieds de là, et ces « voisins étourdis » avaient, semble-t-il, été depuis toujours des témoins jalousement vigilants, bien que silencieux, de ce qu'ils considéraient comme une intrusion de squatters. A peine les jolies amies étaient-elles parties pour un nouveau chargement de doublure, que

"Dans leur nid non gardé, ces belettes écossaises

Je suis venu voler."(1)

Silencieusement, ils volaient d'avant en arrière, chacun donnant un coup de vengeance au nid en passant. Ils ne se sont pas jetés dessus et ne l'ont pas délibérément détruit, car ils auraient pu être surpris en train de commettre des méfaits. En fait, chaque fois que les oiseaux jaunes revenaient, leurs ennemis étaient cachés dans leur propre buisson à l'abri des regards. A plusieurs reprises, leurs victimes inconscientes réparèrent les dégâts, mais finalement, après un conseil concerté, elles y renoncèrent. Peut-être, comme d'autres illettrés, sont-ils arrivés à la conclusion que le Diable était là et ont cédé à la persécution invisible de la sorcellerie.

(1) Shakespeare : *le roi Henri V.*, acte I , scène 2.

Les merles, par des attaques et des ennuis constants, ont réussi à chasser les geais bleus qui construisaient dans nos pins, leurs couleurs gaies et leurs manières pittoresques et bruyantes en faisaient des voisins accueillants et amusants. J'ai eu une fois la chance de faire une faveur à l'un d'entre eux, ce qu'ils ont reçu avec une condescendance très amicale. J'avais les yeux rivés sur un nid depuis un certain temps et j'étais intrigué par le battement constant de ce qui semblait être des ailes adultes à chaque fois que je m'approchais. Finalement, je grimpai à l'arbre, malgré les protestations furieuses des vieux oiseaux contre mon intrusion. Le mystère avait une solution très simple. Lors de la construction du nid, un long morceau de fil de pelote avait été tissé de manière assez lâche. Trois des jeunes avaient réussi à s'y empêtrer et étaient devenus adultes sans pouvoir se lancer dans les airs. L'un d'eux était indemne ; un autre avait si bien entortillé la corde autour de sa tige qu'un pied était enroulé et semblait paralysé ; le troisième, dans ses efforts pour s'échapper, avait scindé la chair de la cuisse et s'était tellement fait mal que j'ai cru humain de mettre fin à sa misère. Lorsque je sortis mon couteau pour couper leurs liens de chanvre, les chefs de famille semblaient deviner mon intention amicale. Cessant brusquement leurs cris et leurs menaces. ils se perchaient tranquillement à portée de ma main et me regardaient dans mon travail d'affranchissement. Ceci, à cause de la terreur palpitante des prisonniers, était une affaire assez délicate ; mais bientôt je fus récompensé en voyant l'un d'eux s'envoler vers un arbre voisin, tandis que l'infirme, faisant un parachute de ses ailes, arrivait légèrement à terre, sautait du mieux qu'il pouvait avec une jambe, attendait obséquieusement. par ses aînés. Une semaine plus tard, j'ai eu la satisfaction de le rencontrer dans l'allée des pins, de bonne humeur, et déjà suffisamment rétabli pour pouvoir se maintenir en équilibre avec son pied boiteux. Je ne doute pas que, dans sa vieillesse, il ait expliqué sa boiterie par quelque belle histoire d'une blessure reçue lors de la célèbre bataille des Pins, lorsque notre tribu, accablée par le nombre, fut chassée de son ancien terrain de camping. Ces dernières années, les geais ne nous ont rendu visite que de temps en temps ; et en hiver, leur plumage éclatant, mis en valeur par la neige, et leur cri joyeux, sont particulièrement les bienvenus. Ils auraient fourni à Ésope une fable, car la crête de plumes dont ils semblent se satisfaire tant est souvent leur piège fatal. Les garçons de la campagne font avec leur doigt dans la croûte de neige un trou juste assez grand pour laisser passer la tête du geai, et, le creusant un peu en dessous, l'appâtent avec quelques grains de maïs. La crête se glisse facilement dans le piège, mais refuse d'en être retirée, et celui qui est venu se régaler reste une proie.

Deux fois les merles corbeaux ont tenté de s'établir dans mes pins, et deux fois les merles, qui prétendent à un droit de préemption, ont joué avec tant de succès le rôle de voleurs de frontières qu'ils les ont chassés, — à mon grand regret, car ils sont le meilleur substitut que nous ayons pour les tours. À Shady Hill (1) (maintenant, hélas ! vide de sa maison si longtemps aimée), ils construisent par centaines, et rien ne peut être plus joyeux que leur craquement grinçant (comme une convention d'enseignes de taverne à l'ancienne) alors qu'ils se rassemblent. le soir, pour débattre en masse face à leur politique venteuse, ou pour bavarder à la porte de leur tente sur les événements de la journée. Leur port est grave et leur démarche à travers le territoire aussi martiale que celle d'un fantôme de second ordre dans Hamlet. Ils n'ont jamais touché à mon maïs, autant que j'ai pu le découvrir.

(1) La maison des Norton , à Cambridge, qui se trouvaient au moment de la rédaction de cet article en Europe.

Pendant quelques années, j'ai eu des corbeaux, mais leurs nids sont un appât irrésistible pour les garçons, et leur colonie a été démantelée. Ils prirent l' habitude de se débarrasser d'une grande partie de leur timidité et de tolérer mon approche. Par une journée très chaude, je me tenais quelque temps à moins de vingt pieds d'une mère et de ses trois enfants, assis sur une branche d'orme au-dessus de ma tête, haletant dans l'air étouffant et tenant leurs ailes à moitié déployées pour se rafraîchir. Tous les oiseaux pendant la saison d'accouplement deviennent plus ou moins sentimentaux et murmurent des paroles douces sur un ton très différent de la répétition et de l'intensité de leur chant habituel. Le corbeau est très comique en tant qu'amant, et l'entendre essayer d'adoucir son croassement selon le bon standard de Saint Preux (1) fait un peu l'effet d'un batelier du Mississippi citant Tennyson. Pourtant, il y a peu de choses à mon oreille plus mélodieuses que son croassement d'un clair matin d'hiver qui tombe sur vous filtré à travers cinq cents brasses d'air bleu vif. L'hostilité de tous les petits oiseaux rend le caractère moral de ce rameur, malgré son attitude et ses vêtements diaconaux , quelque peu discutable. Il ne pouvait jamais sortir sans insulte. Les merles dorés, en particulier, le poursuivaient aussi loin que je pouvais le suivre de l'œil, le faisant se baisser maladroitement pour éviter leurs becs importuns. Je ne crois cependant pas qu'il ait volé aucun nid dans les environs, car les déchets des usines à gaz, qui, dans notre communauté libre, ont le droit d'empoisonner la rivière, lui ont fourni une abondance de gaspareaux morts. Je le voyais faire ses visites périodiques aux marais salants et revenir avec un poisson dans le bec vers ses jeunes sauvages, qui sans doute l'aiment dans cet état qui le rend savoureux aux Canaques et aux autres races corvines du pays. Hommes.

(1) Voir *La Nouvelle Héloïse de Rousseau.*

Les Orioles sont en grand nombre avec moi. J'ai vu sept mâles se promener simultanément dans le jardin. Une joyeuse bande d'entre eux balancent leurs hamacs sur les branches pendantes. Au cours d'une de ces dernières années, lorsque les chancres dépouillèrent nos ormes aussi nus que l'hiver, ces oiseaux se donnèrent la peine de reconstruire leurs nids sans toit et choisirent pour cet usage des arbres à l'abri de ces vandales grouillants, tels que le frêne. et le bois des boutons. Une année, un couple (dérangé, je suppose, ailleurs) a construit un deuxième nid dans un orme à quelques mètres de la maison. Mon ami, Edward E. Hale, m'a dit un jour que le loriot rejetait de sa toile tous les brins de couleur brillante, et j'ai pensé que c'était un exemple frappant de cet instinct de dissimulation perceptible chez de nombreux oiseaux, bien qu'il semble dans ce cas que le nid était largement protégé par sa position de tous les maraudeurs, à l'exception des hiboux et des écureuils. L'année dernière, cependant, j'ai eu la preuve la plus complète que M. Hale s'était trompé. Une paire d'orioles construite sur la remorque la plus basse d'un orme pleureur, qui pendait à moins de dix pieds de la fenêtre de notre salon, et si bas que je pouvais l'atteindre du sol. Le nid était entièrement tissé et feutré de défilements de tapis de laine où l'écarlate prédominait. La même chose se serait-elle produite dans les bois ? Ou peut-être la proximité d'une habitation humaine donnait-elle aux oiseaux un plus grand sentiment de sécurité ? Ils sont d'ailleurs très audacieux dans la quête des cordages, et je les ai souvent vus arracher l'écorce fibreuse d'un chèvrefeuille poussant au-dessus de la porte. Mais en effet, tous mes oiseaux me regardent comme si j'étais un simple locataire à volonté, et ils étaient des propriétaires. Avec honte, je l'avoue, j'ai été victime d'intimidation même par un colibri. Ce printemps, alors que je nettoyais un poirier de ses lichens, un de ces petits flous zigzagants est venu vers moi en ronronnant, tendant son long bec comme une lance, la gorge étincelante d'un feu colérique, pour me prévenir d'un groseille du Missouri. dont il sirotait le miel. Et bien des fois il m'a chassé d'un parterre de fleurs. Cet été, d'ailleurs, deux de ces émeraudes ailées ont fixé leur gland moussu sur une branche du même orme que les loriots avaient égayé l'année précédente. Nous avons observé tout ce qui se passait depuis la fenêtre à travers une lorgnette et avons vu leurs deux oisillons grandir à partir d'aiguilles noires avec une touffe de duvet à l'extrémité inférieure, jusqu'à ce qu'ils s'envolent pour leurs premiers courts vols expérimentaux. Ils sont devenus forts en ailes en un temps étonnamment court, et je ne les ai jamais revu ni l'oiseau mâle par la suite, bien que la femelle soit régulière, comme d'habitude, dans ses visites à nos pétunias et verveines. Je ne pense pas que cela soit suffisamment fondé pour une généralisation, mais dans les nombreuses fois où j'observais les vieux oiseaux nourrir leurs petits, la mère se posait toujours, tandis que le père restait tout aussi uniformément en vol.

Les goglus des prés sont généralement des visiteurs fortuits qui tintent dans le jardin au moment de la floraison, mais cette année, en raison des longues pluies du début de la saison, leurs prairies préférées ont été inondées et ils ont été chassés vers les hautes terres. J'en avais donc une paire domiciliée dans mon terrain en herbe. Le mâle se perchait dans un pommier, alors en pleine floraison, et, pendant que je restais parfaitement immobile à proximité, il tournait en rond, frémissant autour de tout le champ de cinq acres, sans interruption de son chant, et s'installait. redescendu parmi les fleurs, pour être entraîné presque immédiatement par un nouveau ravissement de musique. Il avait la volubilité d'un charlatan italien dans une foire, et semblait, comme lui, proclamer les mérites de quelque remède charlatan. *Opodeldoc - opodeldoc -essayez-Doctor-Lincoln's- opodeldoc !* » semblait -il répéter encore et encore, avec une rapidité qui aurait distancé le Figaro le plus habile qui ait jamais secoué. Je me souviens que le comte Gurowski disait un jour, avec cette légère supériorité de connaissance de ce pays qui est le monopole des étrangers, que nous n'avions pas d'oiseaux chanteurs ! Eh bien, M. Hepworth Dixon (1) a trouvé l'Amérique typique à Oneida et à Salt Lake City. Bien entendu, un Européen intelligent est le meilleur juge en la matière. La vérité est qu'il y a plus d'oiseaux chanteurs en Europe parce qu'il y a moins de forêts. Ces chanteurs aiment le voisinage des hommes parce que les faucons et les hiboux sont plus rares, tandis que leur propre nourriture est plus abondante. La plupart des gens semblent penser que plus il y a d'arbres, plus il y a d'oiseaux. Même Chateaubriand, qui a été le premier à essayer la cure forestière primitive et dont la description du désert dans ses effets imaginatifs est inégalée, s'imagine que « les gens de l'air lui chantent leurs hymnes ». D'après ma propre observation, plus on pénètre loin dans les sombres solitudes des bois, plus on entend rarement la voix d'un oiseau chanteur. Malgré la minutie des détails de Chateaubriand, malgré ce merveilleux retentissement de l'arbre décrépit tombant sous son propre poids, qu'il fut le premier à remarquer, je ne puis m'empêcher de douter qu'il se soit enfoncé très profondément dans le désert. En tout cas, dans une lettre à Fontanes , écrite en 1804, il parle de *mes chevaux payer à quelque distance.* Certes, Chateaubriand était apte à monter de grands chevaux, et cela n'était peut-être qu'une pensée secondaire du *grand seigneur,* mais on ne ferait certainement pas beaucoup de progrès à cheval vers les forteresses druidiques du pin primitif .

(1) Dans son livre de voyages, *New America.*

Les goglus des prés se construisent en nombre considérable dans un pré à moins d'un quart de mille de chez nous. Un pays sans abri traverse leur camp, et par temps clair d'ouest, à la bonne saison, on peut en entendre une vingtaine chanter à la fois. Quand ils se reproduisent, si j'ai la chance de passer, un des oiseaux mâles m'accompagne toujours comme un connétable, passant de poste en poste de la barrière, avec une courte note de reproche continuellement répétée, jusqu'à ce que je sois assez hors d'état de nuire. le quartier. Puis il s'envolera dans les airs et courra au gré du vent, gargouillant sans relâche de la musique sur les touffes d'herbes des prés et les touffes sombres de joncs qui marquent son domaine.

Nous n'avons aucun oiseau dont le chant égale celui du rossignol, aucun dont la note soit aussi riche que celle du merle européen ; mais par simple ravissement, je n'ai jamais entendu le rival du goglu des prés. Mais sa saison d'opéra est courte. Les moineaux terrestres et arboricoles sont nos artistes les plus constants. Nous sommes désormais à la fin du mois d'août, et l'une de ces dernières chante tous les jours et à longueur de journée dans le jardin. Jusqu'à quinze jours plus tard, un couple d'oiseaux indigo maintiendrait leur *duo animé* pendant une heure ensemble. Pendant que j'écris, j'entends un loriot gai comme en juin, et le *peut-être plaintif* du chardonneret me dit qu'il vole mes graines de laitue. Je ne sais pas quelle a été l'expérience des autres, mais le seul oiseau que j'ai jamais eu du mal à chanter la nuit est le chip-bird. Je devrais dire qu'il chantait aussi souvent dans l'obscurité que le chant des coqs . On ne peut s'empêcher de croire qu'il chante dans ses rêves.

"Père de la lumière, quelle graine ensoleillée ,

Quel regard du jour as-tu confiné

Dans cet oiseau ? À toute la race

Ce rayon occupé , tu l'as assigné ;

Leur magnétisme fonctionne toute la nuit,

Et des rêves de paradis et de lumière.

En y repensant, je me souviens avoir entendu le coucou sonner les heures presque toute la nuit avec la régularité d'une horloge suisse.

Les branches mortes de nos ormes, que j'épargne à cet effet, nous apportent le scintillement chaque été, et presque quotidiennement j'entends son cri sauvage et son rire à portée de main, lui-même invisible. C'est un oiseau timide, mais il y a quelques jours, j'ai eu la satisfaction de l'observer à travers les stores alors qu'il était assis sur un arbre à quelques mètres de moi. Vu de si près et au repos, il justifie son titre de pigeon-pic. Les bûcherons pensent qu'il est nocif pour le bois, creusant de petits trous dans l'écorce pour favoriser l'installation des insectes. Les anneaux réguliers de telles perforations que l'on peut voir dans presque tous les vergers de pommiers semblent donner une certaine probabilité à cette théorie. Presque chaque saison, une caille solitaire nous rend visite et, invisible parmi les groseilliers, appelle *Bob White, Bob White,* comme s'il jouait à cache-cache avec cet être imaginaire. Un visiteur plus rare est la tourterelle, dont j'ai parfois entendu le roucoulement agréable (quelque chose comme le chant sourd d'un coq sortant d'un poulailler couvert de neige), et que j'ai eu la chance de voir une fois près de moi dans le mûrier. arbre. Le pigeon sauvage, autrefois nombreux, je n'en ai pas vu depuis de nombreuses années. (1) Parmi les oiseaux sauvages, un faucon poule s'installe de temps en temps sur nous pendant quelques jours, assis paresseusement dans un arbre après un excès de volailles. L'un d'eux m'a un jour proposé une photo rapprochée depuis la fenêtre de mon bureau, un jour pluvieux, pendant plusieurs heures. Mais c'était dimanche, et je lui fis bénéficier de la grâce de Dieu.

(1) Ils ont réapparu cet été (1870). — JRL

Certains oiseaux ont disparu de notre quartier dans ma mémoire. Je me souviens de l'époque où l'on pouvait entendre l'engoulevent dans Sweet Auburn. L'engoulevent, autrefois commun, est désormais rare. La grive brune s'est déplacée plus loin dans le pays. Depuis des années, je n'ai vu ni entendu aucun des plus grands hiboux, dont le hululement était autrefois l'une de mes terreurs d'enfant. L'hirondelle des falaises, étrange émigrant qui se dirige vers l'est, est passée et repartie de mon temps. Les hirondelles de rivage, presque innombrables durant mon enfance, ne fréquentent plus la falaise friable de la gravière au bord de la rivière. Les hirondelles rustiques, qui autrefois pullulaient dans notre grange, brillant à travers le rayon poussiéreux du soleil de la tonte, ont disparu depuis de nombreuses années. Mon père m'emmenait les voir se rassembler sur le toit et prendre conseil avant leur migration annuelle, comme M. White les voyait à Selborne . *Eheu fugaces !* Grâce à la fortune, le martinet colle encore son nid, et roule nuit et jour ses tonnerres lointains dans les cheminées à large gorge, arrose toujours l'air du soir de son joyeux gazouillis. La héronnière peuplée des prairies de Fresh Pond a presque disparu, mais deux ou deux hantent encore la vieille maison, comme les gitans d' Ellangowan avec leurs huttes en ruine, et chaque soir survolent nous vers la rivière, s'éclaircissant la gorge avec un faucon rauque pendant qu'ils avancent. , et, par temps nuageux. à peine plus haut que le sommet des cheminées. Parfois, j'en ai vu un se poser sur l'un de nos arbres, mais je n'ai jamais pu deviner dans quel but. Les martins-pêcheurs m'ont parfois intrigué de la même manière, perchés en plein midi dans un pin, faisant retentir leur hochet de guet quand ils s'éloignaient de ma curiosité, et semblant pousser leur tête lourde comme un homme fait une brouette.

Certains oiseaux nous ont quittés, je suppose, parce que le pays devient moins sauvage. Un jour, j'ai trouvé un nid de canard en été à moins d'un quart de mile de notre maison, mais une telle *trouvaille* serait désormais impossible à réaliser comme le trésor de Kidd. Et pourtant, le simple fait d'apprivoiser le quartier ne me satisfait pas tout à fait comme explication. Il y a vingt ans, alors que j'allais me baigner dans la rivière, j'apercevais chaque jour un couple de bécasses, au bord d'une source bourbeuse, à quelques mètres d'une maison, et constamment visité par des vaches assoiffées. Aucune végétation d'aucune sorte ne pouvait les cacher, et pourtant ces oiseaux habituellement timides étaient presque aussi indifférents à mon décès que l'auraient été des volailles ordinaires. Depuis que la nidification des oiseaux est devenue scientifique et s'est imposée comme une science , cela est sans aucun doute en partie responsable de certaines de nos pertes. Mais certains vieux amis sont constants. La grive de Wilson vient chaque année me rappeler le plus poétique des ornithologues. Il vole devant moi à travers l'allée de pins comme le génie même de la solitude. Deux pious ont construit de tout temps sur une brique en saillie l'entrée voûtée de la glacière ; toujours sur la même brique, et jamais plus d'un seul couple, bien que deux couvées de cinq chacune y soient élevées chaque été. Comment règlent-ils leur revendication sur la propriété ? Par quel droit de primogéniture ? Une fois, les enfants d'un homme employé dans les environs *ont colonisé* le nid, et les pipis nous ont quittés pour un an ou deux. J'ai ressenti envers ces garçons ce que les camarades de l'Ancien Mariner (1) ont ressenti envers lui après qu'il ait abattu l'albatros. Mais les pewees sont enfin revenus, et l'un d'eux est maintenant sur son perchoir habituel, si près de ma fenêtre que j'entends le clic de son bec alors qu'il fait claquer une mouche sur l'aile avec la précision infaillible qu'une majestueuse Trasteverina montre dans le capture de son petit cerf. Le pewee est le premier oiseau à mijoter le matin ; et au début de l'été, il prélude à son éjaculation matinale de *pipi* avec un léger sifflement, inconnu à aucun autre moment. Il s'attriste avec la saison et, à mesure que l'été décline, il change sa note en *cheu , pewee !* comme pour se lamenter. S'il avait été un oiseau italien, Ovide aurait eu une histoire plaintive à raconter à son sujet. Il lui est si familier de poursuivre souvent une mouche par la fenêtre ouverte de ma bibliothèque.

(1) Dans le poème de Coleridge du même nom.

Il y a quelque chose d'indiciblement cher pour moi dans ces vieilles amitiés de toute une vie. Il n'y a presque aucun de mes arbres qui n'ait eu, à un moment ou à un autre, une heureuse propriété parmi ses branches, et à quoi je ne peux pas dire :

"Beaucoup de cœurs et d'ailes légers,

Qui est maintenant la tête, logée dans tes berceaux vivants.

Ma promenade sous les pins perdrait la moitié de son charme estival si je manquais ce timide anachorète qu'est la grive de Wilson, et si je n'entendais pas, à la fenaison, le tintement métallique de sa chanson, qui justifie son nom rustique de *faux-faux*. Je protège mon gibier aussi jalousement qu'un écuyer anglais. Si quelqu'un avait découvert un certain nid de coucou que je connais (j'en ai un couple dans mon jardin chaque année), cela m'aurait laissé un point sensible dans mon esprit pendant des semaines. J'aime ramener ces aborigènes à la mansuétude qu'ils ont montrée aux premiers voyageurs, et avant (pardonnez le jeu de mots involontaire), ils s'étaient habitués à l'homme et connaissaient ses manières sauvages. Et ils vous récompensent par une douce familiarité trop délicate pour jamais engendrer le mépris. J'ai conclu un traité de Penn avec eux, préférant cela à la voie puritaine avec les indigènes, qui les a convertis à un peu d'hébraïsme et à beaucoup de rhum de Medford. S'ils ne veulent pas s'approcher suffisamment de moi (comme la plupart d'entre eux le feront), je les rapproche avec une lorgnette, une bien meilleure arme qu'un fusil. Je ne les convertirais pas, si je le pouvais, de leurs jolies manières païennes. Le seul sur lequel j'ai parfois de gros doutes est l'écureuil roux. Je *pense* qu'il s'excuse . Je *sais* qu'il mange des cerises (on en a compté cinq à la fois sur un même arbre, les noyaux tombant comme la grêle éparse qui prélude à une tempête), et qu'il ronge le petit bout des poires pour en récupérer les graines. Il vole le maïs sous le nez de mes volailles. Mais qu'est-ce que tu aurais ? Il descendra sur la branche de l'arbre sous lequel je suis couché jusqu'à ce qu'il soit à moins d'un mètre de moi. Lui et son compagnon parcourront le grand noyer noir pour me divertir, en bavardant comme des singes. Puis-je signer son arrêt de mort qui m'a si longtemps toléré sur ses terres ? Pas moi. Laissez-les voler et accueillez-les. Je suis sûr que je l'aurais dû, si j'avais eu la même éducation et la même tentation. Quant aux oiseaux, je ne crois pas qu'il y en ait un qui fasse plus de bien que de mal ; et de combien de bipèdes sans plumes peut-on dire cela ?

9 789359 949642